Arne Heinrich

Wasserhaushalt von Stadtgebieten und ökologische Folgen der Bodenversiegelung

GRIN Verlag

Bibliografische Information der Deutschen Nationalbibliothek:

Die Deutsche Bibliothek verzeichnet diese Publikation in der Deutschen Nationalbibliografie; detaillierte bibliografische Daten sind im Internet über http://dnb.d-nb.de/ abrufbar.

Impressum:

Druck und Bindung: Books on Demand GmbH, Norderstedt Germany
ISBN: 978-3-638-66169-0

Dieses Buch bei GRIN:

http://www.grin.com/de/e-book/51515/wasserhaushalt-von-stadtgebieten-und-oekologische-folgen-der-bodenversiegelung

Thema: *Wasserhaushalt von Stadtgebieten und ökologische Folgen der Bodenversiegelung*

Geographisches Institut

Christian-Albrechts-Universität zu Kiel

Lehrstuhl für Physische Geographie, Landschaftsökologie und Geoinformation

Hauptseminar Stadtökologie WS 2005/ 2006

Datum: 11.12.2007

Wasserhaushalt von Stadtgebieten und ökologische Folgen der Bodenversiegelung

Inhaltsverzeichnis:

1 Einleitung

Gegenstand der vorliegenden Arbeit ist es, einen Einblick in die Wechselwirkungen von urbaner Bodenversiegelung und dem Wasserhaushalt von Stadtgebieten zu gewähren.
Zunächst wird aufgezeigt, in welcher Form Bodenversiegelung vorliegen und wie diese kartographisch erfasst werden kann. In der Folge werden die Grundlagen der Siedlungshydrologie abgehandelt und die unterschiedlichen Formen der Siedlungsentwässerung, mit besonderem Schwerpunkt auf der dezentralen Versickerung, angesprochen. Zudem wird auf die möglichen Risiken durch Schadstoffeinträge in das Grundwasser und die Entstehung von Hochwässern eingegangen. Die getroffenen Erkenntnisse werden schlussendlich auf zwei Fallbeispiele, zunächst das Frankenstadion in Nürnberg und danach den EXPO 2000- Stadtteil Kronsberg in Hannover, übertragen.
Ganz zu Beginn dieser Arbeit wird jedoch zunächst eine Erläuterung der Begrifflichkeit der „Bodenversiegelung" vorgenommen.

2 Bodenversiegelung

Die Abhandlung der Problematik von Bodenversiegelung und dem Wasserhaushalt von Stadtgebieten lässt eine Einleitung und Erläuterung der jeweiligen Begrifflichkeiten als nötig erscheinen.

2.1 Erläuterung der Begrifflichkeit

Neben dem Begriff „Bodenversiegelung" finden in der Literatur weitere Begriffe, wie zum Beispiel „Oberflächenversiegelung" oder „Flächenversiegelung", für die Versiegelung von Bodenoberflächen Verwendung. Generell wird unter Bodenversiegelung eine vollständige oder teilweise Isolierung von Böden von der Atmosphäre, Hydrosphäre und Biosphäre durch Ab- und Verdichtung, Aufschüttungen oder Auffüllungen, sowie durch unterirdische Baukörper verstanden. Unterschieden wird dabei zwischen bebaut versiegelten, wie zum Beispiel Gebäuden, und unbebaut versiegelten Flächen, wie Wegen und Stellflächen.
Bodenversiegelung lässt sich weiterhin in unterschiedlichen Kategorien betrachten. So unterscheidet man in der höchsten Kategorie in wasserundurchlässige Versiegelung, welche durch Gebäude und Asphaltbeläge gegeben ist und wasserdurchlässige Versiegelung, gegeben durch Platten- oder Pflastersteinbeläge. [HAID/ TRETER (2004)]

2.2 Klassifizierung von Bodenversiegelung

Eine Klassifizierung von Bodenversiegelung, oder die Feststellung des Versiegelungsgrades, ist eine Notwendigkeit, um schlüssige Aussagen über die Grundwasserneubildung von Stadtgebieten, zu erwartende Abflussmengen nach Niederschlagsereignissen oder die Wasserspeicherfähigkeit einer Fläche treffen zu können.
Eine einfache mathematische Methode, den Versiegelungsgrad rechnerisch zu ermitteln, stellt nach BERLEKAMP/ PRANZAS (1986) folgende Formel dar:

$$VG = \frac{(F_b + F_{uv})}{F_{ges}} \cdot 100 \quad \text{mit:}$$

VG = Versiegelungsgrad

F_b = Anteil der bebauten Fläche

F_{uv} = Anteil der unverbaut versiegelten Fläche

F_{ges} = Summe aus bebauter, unverbaut versiegelter und unverbauter Fläche

Der Grad der Versiegelung variiert je nach Intensität der baulichen Maßnahmen, jedoch lässt sich auch unter Nutzungsgesichtspunkten mit der Bodenoberfläche so effektiv umgehen, dass die ökologischen Bodenfunktionen weitgehend erhalten werden können, oder Beeinflussungen selbiger gegebenenfalls durch extensive Bebauung (größere Grundstücksflächen, Bepflanzung, Regenwasserversickerung) wieder ausgeglichen werden können. [SCHAAL (2002)]
Durch Versiegelung von Bodenoberflächen wird die Infiltrationsfähigkeit des Niederschlagswassers behindert oder gar verhindert. Allgemein gilt, dass die Fähigkeit des Niederschlagswassers, eine Belagsart zu passieren, proportional mit der Fugenbreite des Belagsmaterials zunimmt.
Der nicht versickernde Anteil des Niederschlages fließt oberflächlich ab oder wird anderweitig behandelt. [HAID/ TRETER (2004)]
Tabelle 1 stellt eine einfache Gruppierung der Bodenversiegelung anhand des Abflussbeiwertes dar. Der Wert 1 stellt einen Oberflächenabfluss von 100 % dar. Der Prozentwert des Oberflächenabflusses nimmt proportional zum Abflussbeiwert ab.

Tabelle 1: Abflussbeiwert unterschiedlicher Versiegelungskategorien und Belagsarten.

[nach: HAID/ TRETER (2004)]

<table>
<tr><th colspan="2">Versiegelungskategorien</th><th>Gruppe</th><th>Versiegelungs- bzw. Belagsart</th><th>Abflussbeiwert [ψ_m]</th></tr>
<tr><td>bebaut versiegelt</td><td rowspan="2">wasserundurchlässig versiegelt</td><td>1</td><td>Gebäude</td><td>1,0</td></tr>
<tr><td rowspan="5">unbebaut versiegelt</td><td>2</td><td>Asphalt
Beton
Fugen mit Verguss</td><td>0,9</td></tr>
<tr><td rowspan="4">wasserdurchlässig versiegelt</td><td>3</td><td>Platten, Verbundpflaster, Großpflaster</td><td>0,6- 0,85</td></tr>
<tr><td rowspan="3">4</td><td>Mosaik- und Kleinpflaster</td><td>0,5- 0,6</td></tr>
<tr><td>Rasengitter und verdichteter Sand</td><td>0,4- 0,5</td></tr>
<tr><td>Schotter, Schotterrasen</td><td>0,2- 0,3</td></tr>
</table>

Ersichtlich ist, dass die wasserdurchlässig versiegelnden Belagsarten der Gruppe 4 die geringsten Abflussbeiwerte aufweisen und somit eine hohe Versickerungsrate des Oberflächenwassers sicherstellen.

Als herausragendes Belagsmaterial, unter dem Aspekt der Versiegelungsintensität, erweist sich demnach der in Abbildung 1 in Form eines Parkplatzes dargestellte Schotter, welcher lediglich einen Abflussbeiwert von 0,2 bis 0,3 aufweist.

Abbildung 1: Schotterbelag auf einem Parkplatz (Kiel/ Herthastraße)

[Foto: Heinrich, A. (2005)]

Die wasserundurchlässig versiegelnden Beläge der Kategorien 1 und 2 erweisen sich eher als problematisch, da sie eine Versickerung nahezu ausschließen und somit einen hohen Oberflächenabfluss generieren.

Beachtenswert ist auch, dass die Jahresverdunstung mit 110 bis 130 mm/ Jahr bei Asphaltdecken deutlich geringer ausfällt, als unter Belagsmaterialien der Gruppe 4. So liegt die Verdunstung unter einem Belag aus Rasengittersteinen, wie in Abbildung 2 dargestellt, bei ca. 280 mm/ Jahr. Somit kommen bei geschlossenen Asphaltdecken ca. 75 % der Niederschläge zum Oberflächenabfluss. [WESSOLEK/ RENGER (1998)]

Abbildung 2: Belag aus Rasengittersteinen (Kiel/ Mecklenburger Straße)

[Foto: Heinrich, A. (2005)]

Es erscheint daher eingängig, dass eine Förderung der Verwendung von durchlässigen Belägen der Grundwasserneubildung zu gute kommt.

Eine weitere Maßnahme, um diese Aspekte zu gewährleisten, kann die Verlegung von gemischten Versiegelungsmaterialien mit Aussparungen für Versickerungsmöglichkeiten sein. So nimmt der Oberflächenabfluss bei Verwendung von Mosaikpflaster, beispielhaft in Abbildung 3 dargestellt, auf einen Wert von 15 bis 20 % des Jahresniederschlages ab, da hier zusätzlich durch Unebenheiten der Abfluss verzögert oder behindert werden kann.
[WESSOLEK/ RENGER (1998)]

Abbildung 3: Mosaikpflaster mit deutlicher Sickerstelle (Kiel/ Rostocker Straße)

[Foto: Heinrich, A. (2005)]

Ausgehend vom Abflussbeiwert lässt sich die Bodenversiegelung in Versiegelungsklassen einteilen, welche die spätere mathematische Verwendung in Wasserhaushaltsberechnungen oder Abflussmodellen vereinfacht. Eine einfache Einteilung urbaner Siedlungen in Versiegelungsklassen stellt Tabelle 2 dar. Die Koppelung an den Abflussbeiwert wird anhand der Einteilung deutlich, so weisen Gewerbeflächen und Straßenverkehrsanlagen eine prozentuale Versiegelung von 80 bis 100 auf, während der Versiegelungsgrad von Grün- und Parkanlagen bei nur 0 bis 20 % angesiedelt ist.

Tabelle 2: Einteilung der Flächennutzung in Versiegelungsklassen

nach: [MAGNUCKI/ HAASE/ FRÜHAUF (2004)]

Versiegelungs-klassen [%]	Flächennutzung
0	Land- und Forstwirtschaft/ Freifläche/ Wasserflächen
>0 bis 20	Grün- und Parkanlagen/ Gartenanlagen/ Friedhöfe
>20 bis 40	Bahnanlagen/ Sportanlagen/ Zeilenbebauung
>40 bis 60	Großwohnsiedlungen/ Eigenheime/ Villen/ Militär
>60 bis 80	alter Siedlungskern/ Wohnpark/ Bildung
>80 bis 100	Gewerbefläche/ Dienstleistungen/ Straßenverkehrsanlagen

Anhand dieser oder ähnlicher Einteilungen der Versiegelungsklassen ist mit Hilfe eines GIS die Kartierung von Flächenversiegelung in Stadtgebieten möglich.

2.3 Urbaner Wasserhaushalt

Urbane Flächennutzung bedingt eine wesentliche Veränderung der Wertigkeiten der Komponenten der Wasserhaushaltsgleichung, welche in Tabelle 3 noch einmal dargestellt sind.

Tabelle 3: Wasserhaushaltsgleichung

nach: [WESSOLEK/ RENGER (1998)]

$$N = T + I + E + V - kA + \Delta S + Ao$$

Mit:

N= Niederschlag	V= Versickerung
T= Transpiration	kA= kapillarer Aufstieg
I= Interzeption	ΔS= Wassergehaltsänderungen
E= Evaporation	Ao= Oberflächenabfluss

Bezogen auf die Gesamtfläche eines urbanen Raumes lassen sich nach WESSOLEK/ RENGER (1998), auch als Folge der Bodenversiegelung, folgende Veränderungen beobachten:

- Erhöhung des Oberflächenabflusses
- geringere Grundwasserneubildung und geringere Evapotranspiration (besonders niedrige Evapotranspirationswerte bei versiegelten Flächen)
- geringere Auffüllung des Porenvolumens in der ungesättigten Zone

Die Auswirkungen der Bodenversiegelung auf die Elemente des Wasserhaushaltes lassen sich aus Graphik 4 ableiten:

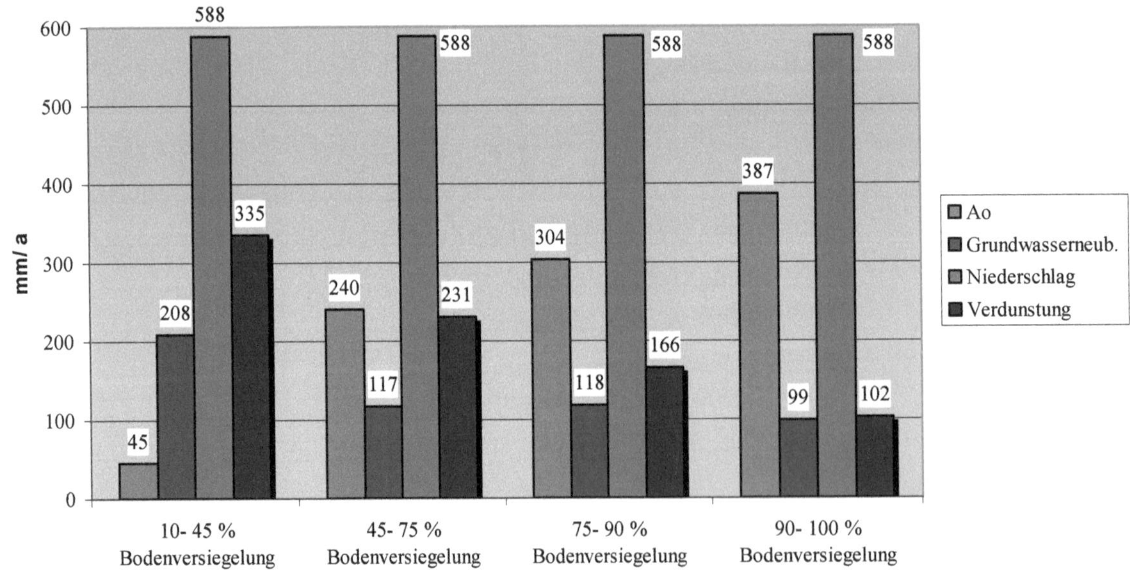

Abbildung 4: Mittlere Wasserhaushaltsgrößen in mm/a für bebautes Gelände im Raum Berlin

eigene Darstellung nach: [WESSOLEK/ RENGER (1998)]

Die Darstellung von im Raum Berlin erhobenen Daten verdeutlicht, dass mit zunehmender Bodenversiegelung bei konstanten Jahresniederschlägen der Oberflächenabfluss deutlich zunimmt, während die Grundwasserneubildung abnimmt. Außerdem ist die Abnahme der Evapotranspiration klar erkennbar, womit zusätzlich die Auswirkungen der Bodenversiegelung auf das Stadtklima ableitbar werden.

Aus wasserwirtschaftlicher Sicht von größter Bedeutung sind jedoch der mit der Bodenversiegelung zunehmende Oberflächenabfluss, sowie die geringere Grundwasserneubildung.

Eine geringe Grundwasserneubildung generiert langfristig einen fallenden Grundwasserspiegel, welcher ein schlechteres Pflanzenwachstum bedingt.

So reicht bei grundwasserfernen Standorten die Wasserversorgung häufig nicht mehr aus, wodurch Bäume derartig großem Wasserstress ausgesetzt werden, dass sie mit erhöhtem Nadel- oder Blattverlust reagieren. [WESSOLEK/ RENGER (1998)]

Deutlich wird die Störanfälligkeit von Baumvegetationen am Beispiel von *Fagus sylvatica*, welche schon dann abstirbt, wenn der Grundwasserspiegel über einen Zeitraum von mehr als 3 Monaten um ca. 50 cm vom langjährigen Mittel abweicht. [ELLENBERG (1996)]

Die Störung der Pflanzenentwicklung oder gegebenenfalls das Absterben von Pflanzengesellschaften aufgrund der eingeschränkten Wasserversorgung, führt ebenfalls zu einer Beeinträchtigung des Urbanklimas. [CRAUL (1999)]

Es ist mit einer Erwärmung zu rechnen, da die Verdunstungsoberfläche mit Abnahme der Blattfläche verringert wird.

2.3.1 Siedlungshydrologie

Weiterhin ist Wasser innerhalb und im Umfeld von Siedlungen unterschiedlichen Prozessen unterworfen, welche unter dem Oberbegriff „Siedlungshydrologie" zusammenhängend betrachtet werden. Von besonderer Bedeutung ist in der Siedlungshydrologie die Abflussbildung in der Folge von Niederschlägen, im Speziellen in der Folge von intensiven Regenereignissen, welche die Bildung von mathematischen Modellen, die oberflächliche Regenabflüsse beschreiben, deutlich erschwert. [GUJER (2002)]

Jedoch ist die mathematische Modellierung von zu erwartenden Abflüssen unerlässlich, um eine ausreichende Dimensionierung der Kanalisationen zu gewährleisten. Gerade die Dimensionierung der urbanen Wassertransportsysteme stellt eine der größten Herausforderungen in der zukunftsorientierten Stadtplanung dar. [EISWIRTH (2002)]

Ein einfaches mathematisches Modell, welches auf der Bestimmung des Abflussbeiwertes beruht, hat nach GUJER (2002) folgende Form:

$Q_R = r \cdot F \cdot \psi$ mit:

Q_R= Abfluss von Regenwasser aus dem Einzugsgebiet mit der Fläche F

r= Regenintensität

F= Fläche des Einzugsgebietes

ψ= Abflussbeiwert (der Abflussbeiwert ist dabei entweder definiert als ψ_s oder ψ_m)

ψ_s ist gegeben als der Spitzenabflussbeiwert, welcher angibt, wie groß der maximale Abfluss Q_R im Vergleich zum maximalen Niederschlag $r \cdot F$ ist.

- $\psi_s = \frac{Q_{R\max}}{r_{\max} \cdot F}$

ψ_m ist gegeben als der mittlere Abflussbeiwert, welcher verdeutlicht, welcher Anteil des Niederschlages zum Abfluss gelangt.

- $\psi_m = \frac{V_{QR}}{V_R}$ mit V_R = Volumen des Niederschlages

Um Dimensionierungen von Kanalisationsnetzen vorzunehmen, wird als Grundlagengröße meist der oben dargelegte Spitzenabflussbeiwert herangezogen, um einen ausreichenden Spielraum bei hohen Regenintensitäten zu gewährleisten. Meist ist der Spitzenabflussbeiwert bei dichter Bebauung und hoher Bodenversiegelung jedoch ebenso hoch wie der mittlere Abflussbeiwert. Lediglich in Außengebieten ist mitunter $\psi_s > \psi_m$. [IMHOFF/ IMHOFF (1999)]

Neben dem vorgestellten Abflussbeiwertmodell lässt sich der Direktabfluss nach MAGNUCKI/ HAASE/ FRÜHAUF (2004) auch anhand eines die Verdunstung berücksichtigenden Modells berechnen. Das mathematische Modell stellt sich wie folgt dar:

$$Q_D = \frac{(N - ET_a) \cdot p}{100}$$ mit:

Q_D = Direktabfluss

N = Niederschlag

p = Versiegelungsgrad [%]

ET_a = langjähriges Mittel der realen Evapotranspiration

- ET_a wird bestimmt über die BAGAROV- Beziehung, welche sich folgendermaßen darstellt:

  $$\frac{ET_a}{N} = 1 - \left(\frac{ET_a}{ET_p}\right)^n$$ mit:

  ET_p = potentielle Evapotranspiration

n = Speichereigenschaften der verdunstenden Fläche

- Die Speichereigenschaften der verdunstenden Fläche sind in der BAGAROV-Gleichung durch die *nFK* (nutzbare Feldkapazität) gegeben, welche sich nach BAUMGARTNER/ LIEBSCHER (1996) als das Speichervermögen des Bodens oberhalb des *PWP* (bei ca. 1,5 MPa) versteht.

Die dargestellte Analysemethode ermöglicht es außerdem, einen weiteren Parameter, welcher für den urbanen Wasserhaushalt von Bedeutung ist, zu berechnen: die Grundwasserneubildung. Die mathematische Methode stellt sich demnach in dieser Form da:

$Q_U = N - ET_a - Q_D$ mit:

Q_U = Grundwasserneubildung

N = Niederschlag

ET_a = langjähriges Mittel der realen Evapotranspiration (Berechnung nach BAGAROV)

Q_D = Oberflächenabfluss

3 Niederschlagswasser

In Formulierungen der Wassergesetze, sowie in wasserwirtschaftlichen Rahmenplänen und Vorworten der betreffenden Regelblätter, wird seit Anfang der 1990er Jahre eine Abkehr von der strikten Ableitung des Regenwassers hin zu einer dezentralen Versickerung propagiert. [SIEKER (2004)]

So finden sich in § 31a des Wassergesetzes des Landes Schleswig-Holstein [LWG (2004)] die Vorgaben, dass Gemeinden in ihrer Abwassersatzung die Versickerung von Niederschlagswasser auf den Grundstücken, auf welchen es anfällt, vorschreiben können. Beseitigungspflichtig ist nach § 31 a Abs. 2 LWG der jeweilige Eigentümer des Grundstücks, auf dem das Niederschlagswasser anfällt. Eine übermäßige Belastung der regionalen Kanalnetze soll auf diese Weise vermieden werden.

Neben der Entlastung der örtlichen Kanalnetze, der Kläranlagen (diese sind meist auf die bei Starkregenereignissen anfallenden Wassermengen gar nicht eingerichtet), bringt die Versickerung auch eine Entlastung der Flüsse mit sich. Außerdem wird das Regenwasser von versiegelten Flächen zur Grundwasserneubildung genutzt. Es ist eine Tendenz festzustellen, welche deutlich werden lässt, dass die Versickerung von Niederschlagswasser als eine Form der Regenwasserbewirtschaftung immer mehr zum Standart werden wird. [PRAKESCH (2004)]

Generell lassen sich die in Abbildung 5 dargestellten Elemente der Regenwasserbehandlung zusammenfassen, wobei die Versickerung als Primärziel verstanden werden darf und die Behandlung in Kläranlagen ausschließlich für belastetes Niederschlagswasser in Frage kommen sollte.

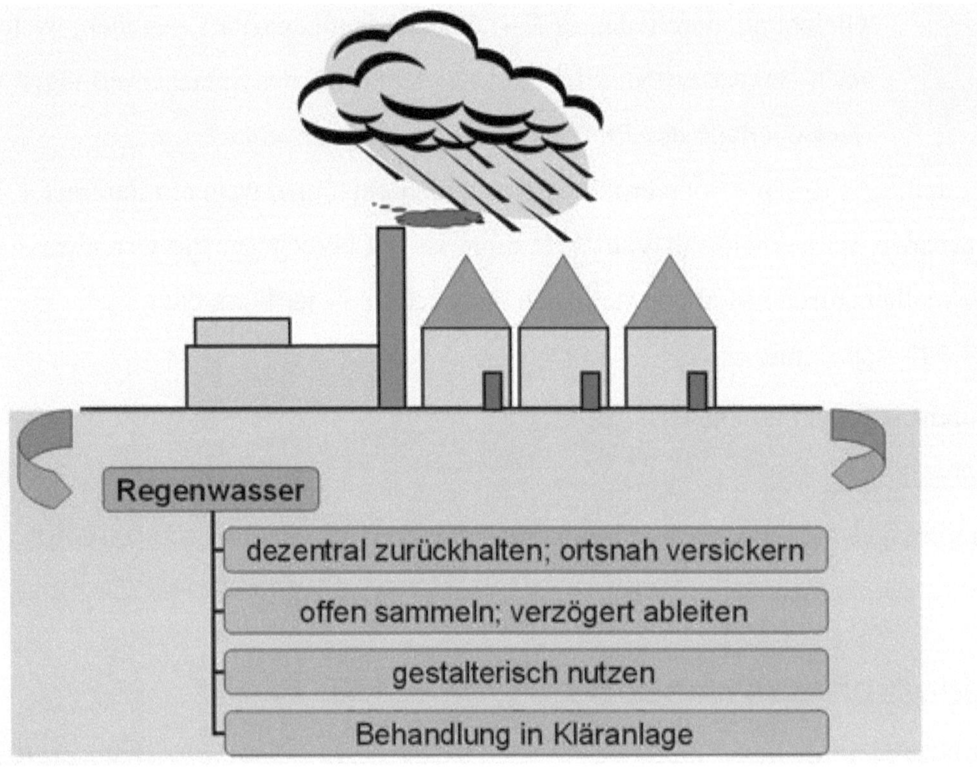

Abbildung 5: Prioritäten der Regenwasserentsorgung

nach: [SCHMITT (2001)]

Jedoch bringt auch die Versickerung des Regenwassers einige Probleme mit sich.

3.1 Dezentrale Versickerung

Bereits seit mehreren Jahren ist in Deutschland die dezentrale Versickerung überschüssigen Regenwassers Stand der Technik und somit auch auf dem Vormarsch. Die dezentrale Versickerung anfallenden Regenwassers stellt eine planerische Reaktion auf die wasserwirtschaftliche Erkenntnis dar, dass von versiegelten Flächen oberflächlich abfließende Niederschlagswässer, vor allem bei kurzen und heftigen Niederschlagsereignissen, urbane Kanalisationssysteme schnell an die Grenze ihres Leistungsvermögens bringen. Zudem wurden in Städten mit Mischkanalisation zunehmend die Kläranlagen überlastet. [JESSEL/ TOBIAS (2002)]

3.1.1 Voraussetzungen

Rechtlich bestehen in der Bundesrepublik Deutschland bei der Versickerung von Niederschlagswasser keine Bedenken, da das in Wohngebieten anfallende Niederschlagswasser von Dächern und Terrassen in der Regel unbedenklich ist.

Wird zur Versickerung des Niederschlagswassers jedoch eine Einrichtung zur Hilfe genommen, so gilt dies als Einleitung in ein Gewässer und bedarf somit einer wasserrechtlichen Erlaubnis. [ATV (2002)]

In der Regel stellt die Erteilung dieser Erlaubnis jedoch kein Problem dar, da meist bereits in der Phase der Bauleitplanung von den Planungsträgern entsprechende Festsetzungen getroffen werden.

So können im Bebauungsplan (B- Plan) nach § 9 BauGB (Inhalt des Bebauungsplans) aus städtebaulichen Gründen bereits Flächen für Rückhaltung und Versickerung von Niederschlagswasser vorgesehen werden. Ferner können auch Flächen für die Regelung des Wasserabflusses im Vorhinein bestimmt werden. [BAUGB (2005)]

Entscheidend für den Betrieb von Versickerungsanlagen sind die örtlichen hydrogeologischen Voraussetzungen, welche regional sehr unterschiedlich sein können. Es empfiehlt sich nicht, unter jedweder Voraussetzung Versickerungsanlagen zu betreiben, da bei Versickerungsvorgängen stets der Durchlässigkeitsbeiwert (k_f– Wert) der ungesättigten Zone des örtlichen, zur Errichtung einer Versickerungsanlage vorgesehenen Bodens berücksichtigt werden muss.

Gegebenenfalls müssen also die hydrogeologischen Bedingungen anthropogen verändert werden, um optimale Betriebsbedingungen zu erhalten.

Der zu nennende Einsatzbereich von Versickerungsanlagen liegt nach ATV (2002) bei einem k_f– Wert zwischen $5 \cdot 10^{-3}$ und $5 \cdot 10^{-6}$ m/s.

Allerdings können auch bei geringeren Durchlässigkeitswerten über das Jahr gesehen hohe Versickerungsraten erzielt werden. [SIEKER (2004)]

Generell kommen für die gezielte dezentrale Versickerung von Niederschlagswasser vier verschiedene Anlagearten in Frage, die in der Folge vorgestellt werden.

Als Bemessungsgrundlage allen Verfahren gemein ist die Häufigkeit des Bemessungsregens (n=0,2 in 1/a), sowie die Dauer des selbigen (T=10 min; bei großen, flachgeneigten Anschlussflächen bis T=15 min).

3.1.2 Flächenversickerung

Flächenversickerung, wie in Abbildung 6 schematisch dargestellt, gewährleistet eine offene Versickerung des Niederschlagswassers direkt durch eine durchlässig befestigte Oberfläche. Aufgrund der nicht vorhandenen Speicherfähigkeit der Anlage, welche weder möglich noch beabsichtigt ist, muss die Versickerungsintensität hoch sein.

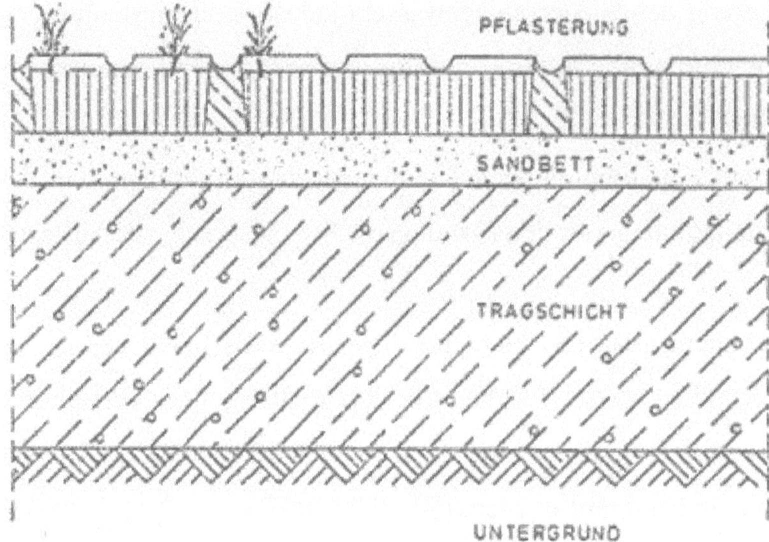

Abbildung 6: Flächenversickerung durch Betongittersteine

nach: [ATV (2002)]

Flächenversickerung eignet sich im Besonderen bei unbedenklichen Hofflächen, Rettungszufahrten, Parkwegen, ländlichen Wegen und Campingplätzen.

Die mittlere Durchlässigkeit der Oberfläche sollte bei Anstrebung von Flächenversiegelung mindestens $2 \cdot 10^{-5}$ m/s betragen, was einer aufnehmbaren Regenspende von 200 l/(s·ha) entspricht. Zu beachten gilt es weiterhin, dass der Übergang des Wassers auf die Versickerungsflächen linienhaft und nicht punktuell geschieht.

Mathematisch lässt sich die für die Versickerung benötigte Fläche vereinfacht nach ATV (2002) wie folgt ermitteln:

$A_s = A_{red} / \left[\left(10^7 \cdot k_f \right) / \left(2 \cdot r_{T(n)} \right) - 1 \right]$ mit:

A_s = verfügbare Versickerungsfläche [m²]

A_{red} = angeschlossene befestigte Fläche [m²]

k_f = Durchlässigkeitsbeiwert der gesättigten Zone [m/s]

$r_{T(n)}$ = Regenspende [l/(s·ha)]

3.1.3 Muldenversickerung

Die in Abbildung 7 dargestellte Muldenversickerung stellt eine Form der Oberflächenversickerung dar, bei welcher eine zeitweise Speicherung des Niederschlagswassers (in der Mulde) angenommen werden kann, weshalb die Versickerungsrate unter dem Niederschlagszufluss angesetzt werden darf.

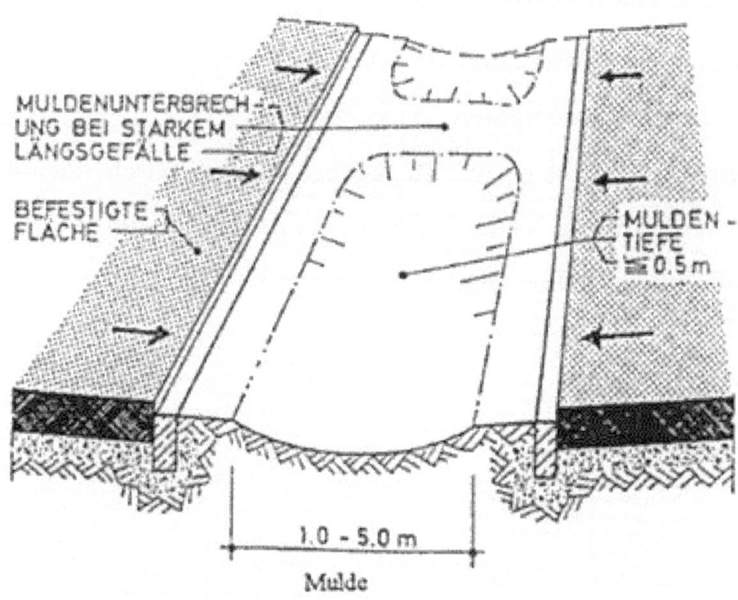

Abbildung 7: Muldenversickerung

nach: [ATV (2002)]

Muldenversickerung kann bei Grundstücken mit wirtschaftlich ungenutzten Grünflächen als Versickerungsmethode in Betracht kommen, sie bietet sich allerdings auch für Seitenräume von Fuß- und Radwegen an. Werden Versickerungsmulden im Straßenraum eingebaut, tragen sie zudem zur Verkehrsberuhigung bei. [KÖNIG (2005/2)]

Die Bemessung von Versickerungsmulden muss so angenommen werden, dass diese nur kurzzeitig unter Einstau stehen, da ein Dauereinstau unter allen Umständen vermieden werden sollte, weil die Mulde ansonsten von einer Verschlickung der Oberfläche bedroht ist. Der Zufluss des Regenwassers in die Versickerungsmulde geschieht meist direkt von angrenzenden befestigten Flächen. Es empfiehlt sich auch hier, ein gleichmäßiges Befließen zu gewährleisten.

Muldenversickerung kommt in der Regel dort zur Anwendung, wo Flächenversickerung aufgrund von Mangel an Versickerungsfläche nicht möglich ist, selbige also bereits definierbar ist. Daher orientiert sich die mathematische Bemessung von Versickerungsmulden auch nicht an der Fläche, sondern vielmehr an der Bestimmung des Speichervolumens der Mulde [V_S].

V_s ergibt sich nach ATV (2002) aus der Differenz zwischen Niederschlagsvolumen [$\Sigma(Q_z \cdot T)$] und Versickerungsvolumen [$\Sigma(Q_s \cdot T)$], jeweils bezogen auf die Dauer des Bemessungsregens [min]. Eine Formelaufstellung sähe demnach so aus:

$$V_s = (\Sigma Q_z - \Sigma Q_s) \cdot T \cdot 60$$

3.1.4 Rigolen- und Rohrversickerung

Rigolenversickerung gewährleistet eine Versickerung an der Oberfläche, wobei das Niederschlagswasser in einen mit Kies gefüllten Graben zur Versickerung eingeleitet wird.

Bei der Rohversickerung versickert das Regenwasser unterirdisch über einen perforierten Rohrstrang. Meist werden beide Verfahren kombiniert, daher werden sie in der Regel, wie auch in Abbildung 8, gemeinsam betrachtet.

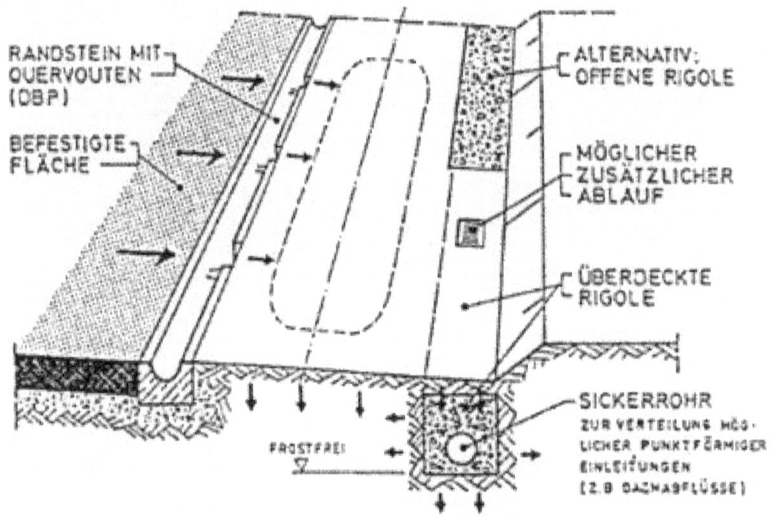

Mulden-Rigolenversickerung

Abbildung 8: Rigolenversickerung, kombiniert mit Rohrversickerung

nach: [ATV (2002)]

Rohr- und Rigolenversickerungssysteme werden zweckmäßigerweise häufig an den Sohllinien von Speichermulden angelegt, in denen eine zusätzliche Speicherung des anfallenden Regenwassers stattfinden kann.

Die Speicherkapazität der Rigole oder des Rohres selbst ergibt sich aus den Querschnittsabmessungen. Da diese, wie auch die Längsentwicklung, sehr variabel sind, kann auch die Speicherkapazität der Rohre oder Rigolen sehr variieren.

Allgemein erfolgt die Bemessung einer Rigolen- und Rohrversickerungsanlage, wie auch die Bemessung der Muldenversickerung, nach der Kontinuitätsbedingung:

Zufluss- Abfluss (Versickerung) = Speicheränderung

Abbildung 9 veranschaulicht die Bauphase einer Rohrversickerungsanlage. Sichtbar ist das Sickerrohr, welches in einen Kiesmantel eingebettet wird. Korngröße des Kieses ist in der Regel, wie auch hier, 16/32, wodurch die Filterstabilität gewährleistet wird. Zudem wird selbige durch das Einbringen eines Filtervlieses abgesichert. Grundsätzlich soll der Abstand zwischen Grabensohle und höchstem natürlichen Grundwasserstand 1 m nicht unterschreiten. [ATV (2002)]

Abbildung 9: Rohrversickerungsanlage im Bau

nach: [http://www.info-regenwasser.de]

3.1.5 Schachtversickerung

Das Niederschlagswasser wird bei der in Abbildung 10 beleuchteten Schachtversickerung in einem durchlässigen Sickerschacht zwischengespeichert und von dort mit Verzögerung in den Untergrund abgegeben. Da die Versickerungsrate von Versickerungsschächten unter anderem durch die Standartmaße der zu verwendenden Brunnenringe sehr eingeschränkt ist, kommen sie insbesondere für Einfamilienhausgrundstücke oder andere kleinere Flächen in Frage. Versickerungsschächte werden überwiegend aus Betonringen aufgebaut, die im Sohlenbereich eine sandige Reinigungsschicht beinhalten.

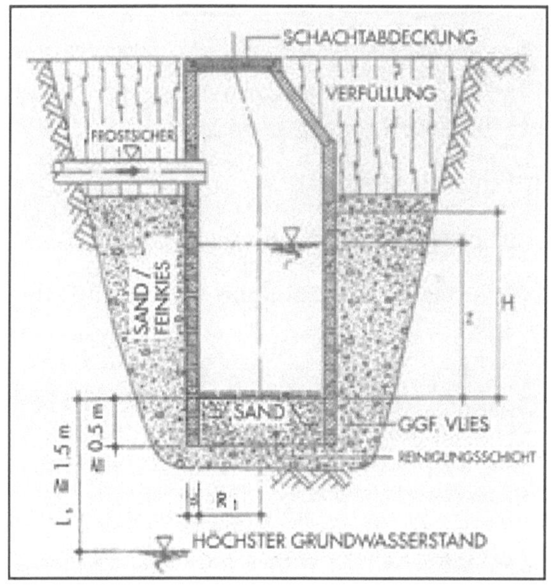

Abbildung 10: Prinzipskizze des Versickerungsschachtes

nach: [ATV (2002)]

Der Mindestabstand zwischen der Oberkante der Reinigungsschicht und dem höchsten natürlichen Grundwasserstand beträgt 1,5 m. Ist die Versickerungsfähigkeit eines einzelnen Sickerschachtes zu gering, werden in der Regel 2 oder mehrere Sickerschächte in Reihe geschaltet. [ATV (2002)]

Die Bemessung von Versickerungsschächten erfolgt ebenfalls nach der bereits erläuterten Kontinuitätsbedingung, die genaue mathematische Bemessung aller Versickerungsanlagen erfolgt auf der Grundlage des ATV Arbeitsblattes A 138. Generell ist eine dezentrale Versickerung von Niederschlagswasser jedoch nur dann möglich, wenn eine erhöhte Schadstoffbelastung ausgeschlossen werden kann. Daher wird im folgenden Abschnitt auch auf die mögliche Belastung des Niederschlagswassers noch einmal eingegangen.

3.1.6 Schadstoffbelastung von Niederschlagswasser

In urbanen Räumen fallen große Mengen schadstoffbelastetes Niederschlagswasser an.
Schadstoffeinträge in das Niederschlagswasser werden durch unterschiedliche Faktoren generiert. So finden Belastungen sowohl durch atmosphärische Depositionen und Abschwemmungen von Hausinstallationen, als aber wesentlich auch durch flüssige und partikuläre Emissionen im Straßenverkehr statt. [KOLB (2005/ 1)]
Partikuläre Emissionen des Straßenverkehres werden hervorgerufen durch Abrieb von Bremsbelägen, Reifen oder dem Fahrbahnbelag. Eine direkte Zuordnung ist dabei nur sehr schwer und aufwendig bilanzierbar. [KOCHER/ TÄUMER et al. (2002)]
Atmosphärische Verunreinigungen liegen meist partikulär, gasförmig oder als Aerosole vor und können ebenso unterschiedliche Ursachen haben:

(1) geogene Prozesse (z.B. mikrobielle Verrottungsprozesse)
(2) anthropogene Grundlasten (z.B. Produktions- und Verbrennungsprozesse)
(3) anthropogene Zusatzbelastungen (z.B. Kraftfahrzeugverkehr)

Der Schadstoffgehalt und die entsprechende Zusammensetzung des Niederschlagswassers werden wesentlich bestimmt durch die jeweiligen Anteile der Versiegelungs- und Abflussflächen.
Beim Auftreffen auf Dachflächen wird der Niederschlag größtenteils mit atmosphärischen Staubpartikeln versetzt, an welche meist Schwermetalle gebunden sind. Vor allem die Kornfraktion 6-60 μm wird im Niederschlagswasser prozentual am häufigsten angereichert, da für Partikeldurchmesser von <150 μm eine stabile Suspension vorliegt und somit ein Absetzen der Feststoffe nicht mehr stattfindet.
Bemerkenswert ist, dass in dieser Fraktion insgesamt mehr als 90 % der Schwermetallkonzentration gebunden wird, wie aus Tabelle 4 deutlich wird.

Tabelle 4: Prozentuale Schwermetallbelastungen der partikulären Stoffe im Niederschlagswasser nach: [KOLB (2005/ 1)]

Kornfraktion [μm]	Pb [%]	Cd [%]	Zn [%]	Cu [%]	Ni [%]
6 bis 60	80	71	67	81	87
60 bis 600	14	18	25	18	12
> 600	6	11	8	1	<1

In dieser hohen prozentualen Konzentration ist auch die Ursache für eine deutliche Erhöhung der Schwermetallkonzentration im Dachablauf im Vergleich zum Niederschlagswasser zu suchen. Tabelle 5 macht die erhöhte Anreicherung von Schwermetallen im Dachablauf deutlich, welche KOLB (2005/ 1) bei einer Messreihe von 18 vergleichenden Messungen feststellte.

Tabelle 5: Konzentration von Schwermetallen im Niederschlag und Dachablauf

nach: [KOLB (2005/ 1)]

	Pb [µg/l]	Cd [µg/l]	Zn [µg/l]	Cu [µg/l]	Ni [µg/l]
Niederschlag	≤ 19,1	≤ 4	≤ 1.060	≤ 74,2	≤ 24,9
Dachablauf	≤ 212	≤ 4	≤ 3.800	≤ 510	—

Die Anreicherung von Schadstoffen, welche durch Verkehrsflächen hervorgerufen werden, findet meist während des Oberflächenabflusses statt. Auch hier können mehrere Emissionsquellen ausgemacht werden, die, entsprechend ihrer jeweiligen Eigenschaften, unterschiedliche Emittenten hervorbringen. Die unterschiedlichen Emissionsquellen und eine kurze Übersicht über einige Emittenten gibt Tabelle 6.

Tabelle 6: Emissionsquellen und Emittenten an Verkehrsflächen

nach: [KOLB (2005/ 1)]

Quelle	Emittenten
Abgase	Blei, Nickel, Stickstoffverbindungen, Phenole, Kohlenwasserstoffe, Ruß, etc.
Bremsenabrieb	Chrom, Kupfer, Nickel, Blei, Zink
Reifenabrieb	Cadmium, Zink, Ruß, org. Verbindungen, Kautschuk, Schwefel, Blei, Chrom, Kupfer, Nickel
Straßenabrieb	Silizium, Calcium, Magnesium, Asphalt, Bitumen, Blei, Chrom, Kupfer, Zink, Nickel, etc.
Abrieb von Fahrbahnmarkierung	Titanoxid, Lösungsmittel
Tropfverluste aus/von KFZ	Blei, Nickel, Zink, org. Verbindungen, Öle, Fette, Mineralöhlkohlenwasserstoffe, Kupfer, Vanadium, Chrom
Korrosion/ Verschleiß	Aluminium, Kupfer, Eisen, Kobalt, Mangan, Cadmium, Zink
Baustoffe	Mineralstoffe, Bindemittel, etc.

Ist am Fahrbahnrand die Möglichkeit des Infiltrierens gegeben und handelt es sich nicht um eine versiegelte Fläche, so ist zu erwarten, dass das anfallende Niederschlagswasser aus dem Straßenablauf in unmittelbarer Nähe der Fahrbahn versickert.

Die Versickerung in Fahrbahnnähe generiert sowohl eine höhere Grundwasserneubildung in dieser Region, als auch eine Tiefenverlagerung der im Ablaufwasser mitgeführten Schadstoffe. [KOCHER/ TÄUMER et al. (2002)]

Beide Tatsachen erweisen sich in der Folge als problematisch, da eine höhere Grundwasserneubildung zu höheren Grundwasserständen führt, welche eine stärkere Kontamination des Grundwasserleiters begünstigen, weil die Mächtigkeit der ungesättigten Bodenzone verringert wird und somit die Filterfunktion des Bodenkörpers abnimmt. Aus der skizzierten Abbildung 11, welche linksseitig die Versickerung unter normalen Umständen und rechtsseitig bei versiegelter Bodenoberfläche (in diesem Fall eine Fahrbahn) zeigt, geht hervor, wie der Grundwasserspiegel durch den Oberflächenabfluss von der Fahrbahn ansteigt und die ungesättigte Zone in ihrer Mächtigkeit verringert und die Filterfunktion eingeschränkt wird.

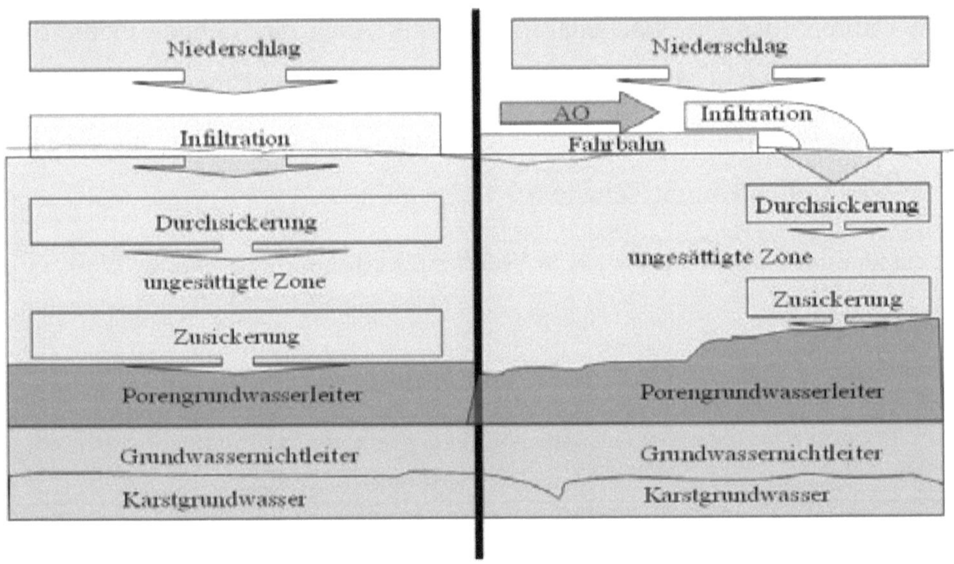

Abbildung 11: Gegenüberstellung von Regenwasserversickerung unter normalen Umständen (links) und bei Flächenversiegelung (rechts)

nach: [KOLB (2005/ 2)]

Die Tiefenverlagerung von persistenten organischen Verbindungen, wie zum Beispiel Mineralölprodukten und Teerölen, sowie von Nitrat und Schwermetallen wird dadurch zusätzlich erleichtert.

Jedoch wird die Kontamination des Grundwassers nicht allein durch die Höhe des Grundwasserspiegels beeinträchtigt, sondern auch durch Einflussparameter wie die Durchlässigkeit der ungesättigten Bodenzone und die Quantität des Grundwasserabflusses.

So kann bei einer beeinträchtigten Durchlässigkeit der ungesättigten Bodenzone, zum Beispiel durch das Phänomen des „soil clogging“, eine der wesentlichen Reinigungseigenschaften des Bodens, nämlich das Zurückhalten von suspendierten Partikeln im Niederschlagswasser, nicht mehr gewährleistet sein. Eine Filterfunktion ist somit nur noch eingeschränkt gegeben, der Eintrag in den Grundwasserleiter wird vereinfacht. [KOLB (2005/ 2)]

3.2 Regenwasserableitung

Regenwasser wird in Siedlungen auf unterschiedlichste Art und Weise abgeleitet. Im Wesentlichen werden zwei gängige Entwässerungsformen unterschieden, die Mischsysteme und die Trennsysteme. Im Mischsystem wird das Regenwasser zusammen mit den anfallenden Siedlungsabwässern in einem Kanalnetz abgeleitet. Mischsysteme stellen die ungünstigeren Entwässerungssysteme dar. Günstiger präsentieren sich die Trennsysteme, welche aus zwei Kanalnetzen bestehen, die anfallendes Regenwasser getrennt vom verschmutzten Abwasser einem Vorfluter (Grundwasser, Fließgewässer, See) zuführen. Die Regenwasserleitungen in Trennsystemen weisen in der Regel einen größeren Durchmesser auf als die Schmutzwasserkanäle und sind zur Aufnahme von Dachwasser, Straßenwasser, Sickerwasser und ggf. Bachwasser konzipiert. Abbildung 12 zeigt eine vereinfachte Darstellung eines Trennsystems.

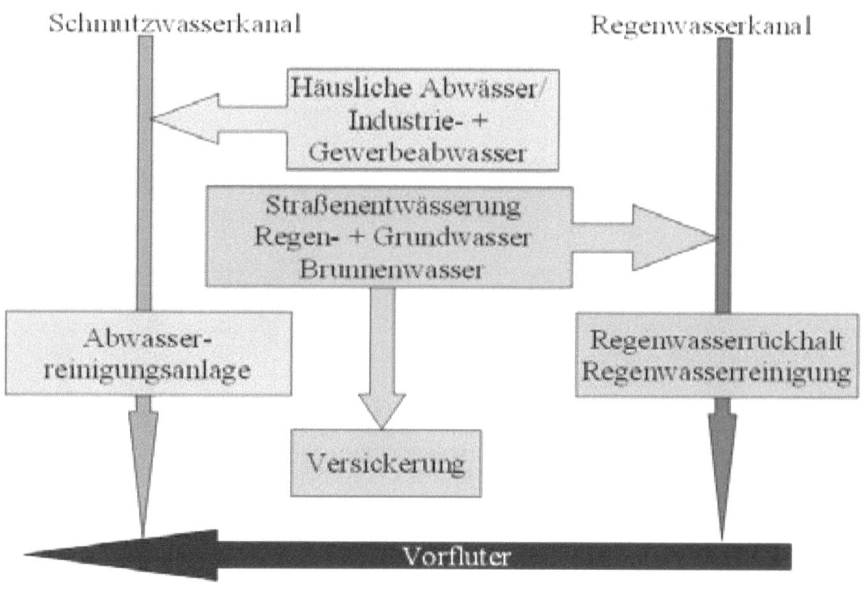

Abbildung 12: Darstellung der Elemente eines Trennsystems

nach: [GUJER (2002)]

Meist wird das aufgenommene Regenwasser direkt in den jeweiligen Vorfluter abgeleitet, jedoch kann es bei größeren anfallenden Wassermengen geeignet erscheinen, dass Niederschlagswasser vorerst in Rückhaltebecken zurück zu halten, um Hochwässern vorzubeugen.

Die Ableitung von Regenwasser bringt einige Nachteile mit sich. Neben den sinkenden Grundwasserneubildungsraten sind dies sowohl erhöhte Schadstoffeinträge in Fließgewässer, als auch höhere Abflüsse in selbigen. Als Folgeschäden der geringeren Grundwasserneubildung erweisen sich an Gebäuden auftretende statische Probleme, wie zum Beispiel Setzungen. [BUJUNG/ GATZEN (2000)]

3.2.1 Querschnittsdimensionierung von Abwasserkanälen

Um eine korrekte Größendimensionierung der Abwasserkanäle in der Siedlungsentwässerung zu gewährleisten, ist es unerlässlich die Kanalquerschnitte richtig zu bemessen. Die gängige mathematische Bemessung nach IMHOFF/ IMHOFF (1999), beruhend auf der Formel nach DARCY sei daher, mit der Anmerkung, dass die Berechnung in dieser Form auch von der ATV vorgeschlagen wird, an dieser Stelle kurz vorgestellt:

$$J = \lambda \cdot \frac{1}{D} \cdot \frac{v^2}{2g} \quad \text{mit:}$$

J = Gefälle

λ = Reibungszahl nach PRANDTL/ COLEBROOK

D = Durchmesser [m]

v = Fließgeschwindigkeit [m/s]

g = Erdbeschleunigung [= 9,81 m/s^2]

Die Reibungszahl nach PRANDTL/ COLEBROOK berechnet sich wie folgt:

$$\frac{1}{\sqrt{\lambda}} = -2\log\left[\frac{2{,}51}{R_e \cdot \sqrt{\lambda}} + \frac{k}{D} \cdot \frac{1}{3{,}71}\right] \quad \text{mit:}$$

λ = Reibungszahl nach PRANDTL/ COLEBROOK

R_e = Reynolds'sche Zahl ($v \cdot D / \nu$)

ν = kinematische Zähigkeit [m^2/s]

v = Fließgeschwindigkeit [m/s]

k = betriebliche Rauhigkeit [m]

D = Durchmesser [m]

Die kinematische Zähigkeit wird bei der Berechnung von Abwasserkanälen mit $\nu = 1{,}31 \cdot 10^{-6} m^2 / s$ angesetzt, was der Zähigkeit von reinem Wasser bei 10°C entspricht, während der *k*-Wert für Rohre in normaler Ausführung mit k = 1,5 mm festgelegt ist.

Die Notwendigkeit zur Einleitung über Kanalisationen in Oberflächengewässer ist gegeben, wenn Niederschlagswasser nicht im Einzugsgebiet verbleibt, verdunstet oder versickert.

3.2.2 Hochwasserschutz

Das Hochwassergeschehen wird wesentlich durch die Eingriffe des Menschen in Bewuchs, Geländeform, Boden und die Speichereigenschaften von Böden beeinflusst. So vernichtet die Versiegelung durch Siedlung, Gewerbe und Verkehr den Bewuchsspeicher und neutralisiert nahezu den Flächenrückhalt und den Bodenspeicher. Der Mehrabfluss wird direkt über die Regenwasserkanalisation in die Gewässer eingeleitet. [CIPR (1995)]
Auf diese Weise kann sich der Abfluss urbaner Fließgewässer binnen kürzester Zeit auf das hundertfache des Trockenwetterabflusses erhöhen. Die kurzfristigen Hochwasserspitzen erfordern weitere, meist ausgesprochen kostspielige Schutzbauten, welche in der Folge die natürlichen Gewässer- Umland- Beziehungen zusätzlich behindern. [SCHUMACHER (1998)]
Durch die Anlage von Baugebieten und Verkehrswegen in den Überschwemmungsgebieten werden zudem die natürlichen Überflutungsflächen reduziert und der Hochwasserablauf weiter beschleunigt. [CIPR (1995)]
Eine intakte Funktion des Wasserhaushaltes und des Wasserkreislaufes ist somit nicht mehr gegeben, weitere anthropogene Veränderungen werden voraussichtlich die Hochwasserrisiken weiter verschärfen. [RIPL/ WOLTER (2003)]

3.3 Nutzung von Regenwasser

Die Nutzung von Regenwasser stellt eine gewichtige Alternative zum direkten Ableiten des Regenwassers dar und gewährleistet eine Entlastung der Regenwasserkanalisationen. Zudem generiert sie eine Entlastung der Ressource Grundwasser, da bei der Regenwassernutzung Trinkwasser durch Regenwasser substituiert und die Grundwasserentnahme daher verringert wird.
Zu den Bereichen der Substitutnutzung können im häuslichen Rahmen das Putzen, Autowaschen, Wäschewaschen, die Toilettenspülung und nicht zuletzt die Gartenbewässerung gehören. Durchschnittlich sind von 130 l genutztem Trinkwasser pro Einwohner und Tag 75 l durch Regenwasser substituierbar, was einem Wert von ca. 57 % entspricht. [NLÖ (2000)]
In Abbildung 13 ist das prinzipielle Schema einer Regenwassernutzungsanlage dargestellt.

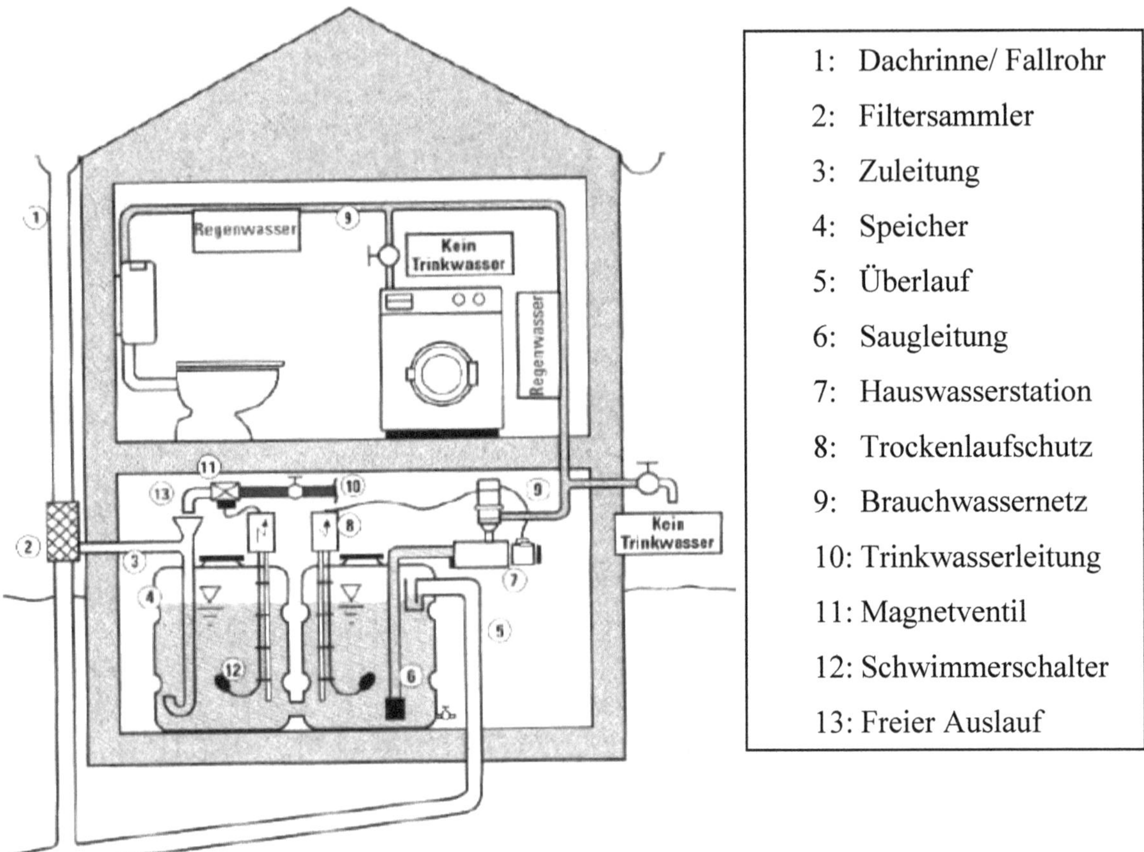

Abbildung 13: Prinzipielles Schema einer häuslichen Regenwassernutzungsanlage

nach: [NLÖ (2000)]

Regenwassernutzung kann jedoch immer nur eine Ergänzung der Regenwasserbehandlung sein. Dennoch bietet sie sichtbare ökologische und hydrologische Vorteile, wie zum Beispiel die Abminderung von Hochwasserspitzen und die Verbesserung der lokalen Grundwasserneubildung.

Die Wirtschaftlichkeit von häuslichen Regenwassernutzungsanlagen ist allerdings mehr als strittig; so kommt das NLÖ bei der Betrachtung von Regenwassernutzungsanlagen in Hinblick auf die Wirtschaftlichkeit zu der zweideutigen Schlussfolgerung, dass die sinnvollste Art der Regenwassernutzung noch immer die „Regentonne“ zur Gartenbewässerung sei. [NLÖ (2000)]

4 Fallbeispiele

Um einen Einblick in die praktische Relevanz zu gewähren, werden in der Folge 2 Fallbeispiele vorgestellt.

4.1 Regenwassernutzung im Nürnberger Frankenstadion

Das Nürnberger Frankenstadion, in Abbildung 14 vorgestellt, wurde als Vorzeigeobjekt der Regenwasserbewirtschaftung in Deutschland für die Fußball- WM 2006 geplant.

Abbildung 14: Innenansicht des Nürnberger Frankenstadions

nach: [http://www.fcn.de/index.php?fcnstadion]

Das Frankenstadion beansprucht eine Fläche von 34.400 m², auf welche ein jährlicher Regenertrag von 22.000 m³ entfällt. Nach Abschluss der Umbauarbeiten im Jahre 2005 sind 9.500 m³ für die Bewässerung nutzbar, während 12.500 m³ direkt über Rigolen- und Rohrversickerung dem Grundwasserhaushalt des Auenwaldes im benachbarten Volkspark Dutzendteich zugeführt werden. Im Rahmen der Umbauarbeiten wurden drei unterirdische Großspeicher mit Speichervolumina von 384 m³, 360 m³ und 264 m³ angelegt, welche das Niederschlagswasser von den Tribünendachflächen über Drainleitungen aufnehmen und zur Rasenbewässerung verfügbar machen. Abbildung 15 zeigt zwei der drei unterirdischen Speicher, welche übereinander angeordnet sind, in der Bauphase.

Abbildung 15: Zisternen des Nürnberger Frankenstadions im Bau

nach: [KÖNIG (2005/1)]

Die Verfügbarkeit des Regenwassers zur Bewässerung nahezu aller Grünflächen im Stadionbereich wird durch leistungsstarke Unterwasserpumpen gewährleistet. Der Stadt Nürnberg wird nach der Einrichtung der Bewässerungseinrichtungen die Einsparung von 5Mio l Trinkwasser ermöglicht, welche zuvor allein für die Bewässerung des Stadionrasens aufgewendet werden mussten. Den Baukosten für die Großspeicher in Höhe von 220.000 € steht, nach Abzug der Energie- und Betriebskosten für die Pumpenanlage, ein jährlicher Einsparungserlös von 10.400 € gegenüber. Bei Beibehaltung der heutigen Wasserpreise wird sich die Investition in die Regenwassernutzungsanlagen also voraussichtlich nach 20 Jahren betriebswirtschaftlich amortisiert haben. [KÖNIG (2005/1)]

4.2 Hannover Kronsberg

Kronsberg stellt einen neuen Stadtteil der niedersächsischen Landeshauptstadt Hannover dar und wurde als Bestandteil des Programms „Stadt und Region als Exponat" anlässlich der EXPO 2000 in Hannover errichtet.

Die Vornutzung des Kronsberger Raums war überwiegend landwirtschaftlich geprägt, wodurch die ausgewiesene Baulandfläche von 150 ha einen wesentlichen Landschaftsverbrauch darstellt. Unvermeidlicher Weise generiert dieser Landschaftsverbrauch, resultierend aus der Flächenversiegelung durch Straßen, Siedlungs- und Gewerbebauten, einen erheblichen Eingriff in den natürlichen Wasserhaushalt. Mit der Entscheidung, anfallendes Regenwasser dezentral mit Hilfe von Rigolensystemen zu versickern, gelang es, wie aus Abbildung 16 deutlich wird, den Wasserhaushalt annähernd dem Urzustand vor Baubeginn von 1994 anzugleichen. Bemerkenswert ist, dass der Anteil des Oberflächenabflusses nahezu konstant gehalten werden konnte.

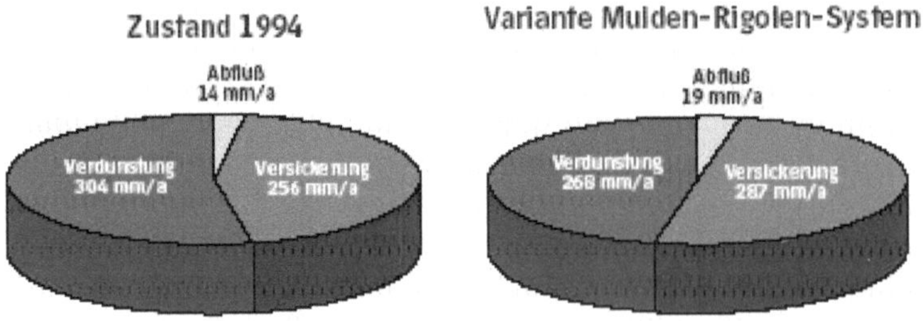

Abbildung 16: Vereinfachte Wasserbilanz des Kronsberges Vor Baubeginn (links) und nach Fertigstellung durch Nutzung von Rigolensystemen (rechts)

nach: [LANDESHAUPTSTADT HANNOVER (2000)]

Im gesamten Bereich des neuen Stadtteils Kronsberg wurde schon in der Planungsphase die dezentrale Versickerung als Grundprinzip der Regenwasserbehandlung vorgesehen. Es wurden von Anfang an auch die Funktionselemente der dezentralen Versickerung, wie Retentionsflächen, Mulden-Rigolen-Systeme und Regenrückhaltebecken berücksichtigt. So können als Elemente sowohl die bis zu 35 m breiten Retentionsflächen am Hangfuß des Kronsberges (in Abbildung 17 links), als auch das Regenrückhaltebecken Anecamp (Mitte) angeführt werden.

Abbildung 17: Elemente der dezentralen Versickerung am Kronsberg/ Hannover

nach: [LANDESHAUPTSTADT HANNOVER (2000)]

Stellvertretend für viele in sich geschlossene Systeme der Regenwassernutzung im Stadtteil Kronsberg soll hier das Regenwasserkonzept der Grundschule am Kronsberg erläutert werden. Die Schule ist in der Lage sämtliches anfallendes Regenwasser auf dem Schulgelände zurückzuhalten und teilweise zu versickern. Die Dachkonstruktion ist, wie in Abbildung 18 zu erkennen, geneigt und zusätzlich begrünt. Auf diese Weise wird ein verlangsamter Abfluss des Niederschlagswassers gewährleistet. Zudem wird das Auffangen in der schuleigenen Zisterne (im Bild vorn) vereinfacht.

Abbildung 18: Grundschule am Kronsberg mit Zisterne im Vordergrund

[Foto: Heinrich, A. (2005)]

Das in der Zisterne gesammelte Regenwasser wird schulintern als Betriebswasser für Toilettenspülungen oder die Bewässerung des Schulgartens genutzt. Auf diese Weise werden Trinkwassereinsparungen von 550 m^3/a ermöglicht. [LANDESHAUPTSTADT HANNOVER (2000)]

Trotz vieler hervorragender Ansätze erweist sich die Konzeption des Kronsberges jedoch nicht als voll funktionsfähig, da es insbesondere die Anwohner an Akzeptanz vermissen lassen. So wurden in einigen Fällen Rigolensysteme in Vorgärten im Nachhinein durch Bewohner abgedeckt, um Gartenfläche zu gewinnen, und somit unbrauchbar gemacht. Dazu angemerkt werden muss aber, dass vor allem in Reihenhaussiedlungen die Gartenfläche, aufgrund der eingerichteten Versickerungsanlagen, meist unter 50 m² liegt.

Bemerkenswert ist auch, dass übermäßige Bodenversiegelung weitgehend vermieden werden konnte, da insbesondere bei der Anlage großflächiger befestigter Flächen, wie dem in Abbildung 19 dargestellten Quartierpark, auf die Grundlagen der Flächenversickerung eingegangen wurde.

Abbildung 19: Übersicht Quartierpark Kronsberg mit deutlichen Sickerrillen in der Pflasterung nach: [Landeshauptstadt Hannover (2000)]

Es gelang daher 61 % der gesamten befestigten Fläche am Kronsberg, also 31.192 m² durchlässig zu gestalten. So wurde der überwiegende Teil der Wege, Zufahrten und Stellplätze mit grobfugiger Pflasterung versehen. [Landeshauptstadt Hannover (2000)]

5 Ausblick

Seit Anfang der 1990er Jahre wird die Gesamtproblematik der Bodenversiegelung und der damit verbundenen Auswirkungen auf den städtischen Wasserhaushalt Beachtung geschenkt. Dennoch finden vorhandene technologische Verfahrensmöglichkeiten, zum Beispiel die unterschiedlichen Formen der dezentralen Versickerung, bisher nur unzureichend Anklang, obwohl es einige viel versprechende Ansätze in der Praxis gibt. Viele Anlaufschwierigkeiten in der EXPO- Siedlung Kronsberg haben jedoch gezeigt, dass die völlige Umstellung auf ökologisches Bauen von ganzen Stadtteilen nur eingeschränkt möglich ist. Demzufolge wird das Hauptaugenmerk auf die Entsiegelung von Flächen und die Ermöglichung von Flächenversickerung zu richten sein. Zudem kann, im Rahmen der privaten Haushalte, einiges für die Verbesserung der Wasserhaushaltssituation getan werden. Angesprochen werden könnten da beispielsweise eine Regenwassereinspeisung in den Brauchwasserkreislauf oder auch die dezentrale Versickerung von anfallendem Dachablaufwasser auf den jeweiligen Grundstücken.
Großflächige, wirtschaftliche Lösungen sind derzeit nur eingeschränkt praktikabel und gehen meist über das grobfugige Pflastern von Flächen nicht hinaus, daher wäre an dieser Stelle ein denkbarer Forschungsansatz. Es wäre zu prüfen, inwieweit sich wirtschaftliche Regennutzungs- oder Niederschlagsversickerungsanlagen für großflächige urbane Gebiete entwickeln lassen, um eine Alternative zur herkömmlichen Stadtentwässerung über Kanalisationen anzubieten.

6 Zusammenfassung

Die vorliegende Arbeit erläutert zunächst die Begrifflichkeit der Bodenversiegelung, welche in der Literatur unter unterschiedlichen Bezeichnungen zu finden ist.
Bodenversiegelung lässt sich in unterschiedlichen Kategorien betrachten, man unterscheidet beispielsweise in wasserdurchlässige und undurchlässige Versiegelung.
Bodenversiegelung lässt sich mit Hilfe der Berechnung des Versiegelungsgrades oder des Abflussbeiwertes, welcher je nach Durchlässigkeit des Belages schwankt, klassifizieren und kartieren.
Die Durchlässigkeit des Belages hat ebenfalls Einfluss auf die Wasserhaushaltsparameter, im Besonderen jedoch auf die Grundwasserneubildung und den Oberflächenabfluss.
Im Umfeld von urbanen Siedlungen ist Wasser diversen Prozessen unterworfen, die sich unter dem Dachbegriff der Siedlungshydrologie zusammenfassen lassen. Die Modellierung im Rahmen der Siedlungshydrologie ermöglicht einen Einblick in die Notwendigkeiten der

Siedlungsentwässerung, wie zum Beispiel die richtige Dimensionierung von Kanalisationssystemen.

Kanalisierung von Niederschlagswasser stellt jedoch nicht die einzig mögliche Form der Siedlungsentwässerung dar, vielmehr wird seit geraumer Zeit die dezentrale Versickerung von Regenwasser vorangetrieben, welche durch verschiedene Verfahrensmethoden eine direkte Versickerung des Regenwassers am Niederschlagsort gewährleistet. Aufgrund von Schadstoffbelastung ist eine Versickerung jedoch nicht immer möglich.

Weiterhin lässt sich Niederschlagswasser als Brauchwasser nutzen, was eine Verminderung der Trinkwasserentnahmen zur Folge hat.

Wie Regenwasserbehandlung aussehen kann wird anhand der Fallbeispiele Hannover Kronsberg und dem Nürnberger Frankenstadion deutlich. So wird im Frankenstadion anfallendes Niederschlagswasser zu einem großen Teil dezentral versickert, während der übrige Rest zur Bewässerung genutzt wird. In Hannover Kronsberg präsentiert sich ein ganzer Stadtteil im fortschrittlichen Umgang mit Bodenversiegelung und Niederschlagswasser, jedoch funktioniert das Konzept des Kronsberges nur eingeschränkt.

7 Literatur

ATV (2002): *„Arbeitsblatt A 138: Bau und Bemessung von Anlagen zur dezentralen Versickerung von nicht schädlich verunreinigtem Niederschlagswasser"* Vertrieb: GFA. St. Augustin.

BAUGESETZBUCH [BAUGB] (2005) Verlag DTV-Beck.

BAUMGARTNER, A./ LIEBSCHER, H.-J. (1996): *„Lehrbuch der Hydrologie Band 1"* Verlag Gebrüder Borntraeger. Berlin/ Stuttgart.

BERLEKAMP, L.-R./ PRANZAS, N. (1986): *„Methode zur Erfassung der Bodenversiegelung von städtischen Wohngebieten. Ein Beitrag zum Hamburger Landschaftsprogramm"* In: Natur und Landschaft. Nr. 3/1986 S.92-95.

BUJUNG, M./ GATZEN, E. (2000) : *„Erarbeitung eines Entwässerungskonzeptes für das Baugebiet „Ermesgraben" in Schweich/Mosel"* Diplomarbeit. Fachhochschule Trier/ Fachbereich Bauingenieurwesen.

COMMISSION INTERNATIONALE POUR LA PROTECTION DU RHIN [CIPR] (1995): *« Lignes directrices pour une protection contre les inondations tournée vers l'avenir. »* Koblenz.

CRAUL, P. J. (1999): *„ Urban Soils- Applications and Practices"* Verlag John Wiley & Sons. New York/ Chichester/ Weinheim/ Brisbane/ Singapore.

EISWIRTH, M. (2000): *„Nachhaltige urbane Wasser- und Abwassersysteme"* In: UmweltPraxis. Nr. 12/ 2000 S. 45-48

EISWIRTH, M. (2002): *„Hydrogeological factors for sustainable urban water systems"* In: HOWARD, K./ ISRAFILOV, R. (2002): *„Current problems of Hydrogeology in urban areas"* S. 159-183. Verlag Kluwer Academic Publishers. New York.

ELLENBERG, H. (1996): *„ Vegetation Mitteleuropas mit den Alpen"* Verlag UTB. Franfurt/ Wien/ Zürich.

GUJER, W. (2002): *„Siedlungswasserwirtschaft"* Verlag Springer. Berlin/ Heidelberg/ New York.

HAID, N./ TRETER, U. (2004): *„Die Bodenversiegelung in Erlangen"* In: Mitteilungen der Fränkischen Geographischen Gesellschaft. Nr. 50/51/ 2004 S. 115-126.

IMHOFF, K./ IMHOFF, K. R. (1999): *„ Taschenbuch der Stadtentwässerung"* Verlag Oldenbourg. München/ Wien.

JESSEL, B./ TOBIAS, K. (2002): *„ Ökologisch orientierte Planung"* Verlag UTB. Stuttgart.

KOCHER, B./ TÄUMER, K. et al. (2002): *„Schadstofftransport in straßennahen Böden"* In: Straße und Autobahn. Nr. 6/ 2002 S. 297- 302.

KOLB, F.R. (2005/ 1): *„Versickern von Niederschlagswasser Teil 1"* In: Wasserwirtschaft Wassertechnik (wwt). Nr. 5/ 2005 S. 24-28.

KOLB, F.R. (2005/ 2): *„Versickern von Niederschlagswasser Teil 2"* In: Wasserwirtschaft Wassertechnik (wwt). Nr. 6/ 2005 S. 41-43.

KÖNIG, K. W. (2005/1): *„Ökologischer Sportstättenbau- Regenwasserbewirtschaftung zur Fußball- WM 2006"* In: WLB „Wasser, Luft und Boden". Nr. 3/4/ 2005 S. 18-20.

KÖNIG, K. W. (2005/2): *„Regenwasserbewirtschaftung wird zur Verkehrsberuhigung"* In: KA „Abwasser Abfall". Nr. 7/ 2005 S. 805-807.

LANDESHAUPTSTADT HANNOVER [HRSG.](2000): *„Wasserkonzept Kronsberg"* Eigenverlag. Hannover.

MAGNUCKI, K./ HAASE, D./ FRÜHAUF, M. (2004): *„Auswirkungen urbaner Siedlungsflächenentwicklung auf den Wasserhaushalt- das Beispiel der Stadt Leipzig 1870- 2003"* In: Berichte zur deutschen Landeskunde. Nr. 4/ 2004 S. 473-507.

NLÖ [HRSG.] (2000): *„Empfehlungen zum umweltgerechten Umgang mit Regenwasser"* Hildesheim.

PRAKESCH, S. (2004): *„Speicherrigolensystem für Regenwassernutzung, -rückhaltung und -versickerung"* In: WLB „Wasser, Luft und Boden". Nr. 6/ 2004 S. 27-30.

RIPL, W./ WOLTER, K.-D. (2003): *„Intakter Wasserhaushalt und Hochwasserschutz"* In: Wasser & Boden. Nr. 7+8/ 2003 S. 15-21.

SCHAAL, P. (2002): *„Erhalt der Freiflächen und der Bodenfunktionen- Handlungsspielräume der kommunalen Planung"* In: BLUM, W./ KAEMMERER, A./ STOCK, R. (2002): *„Neue Wege zu nachhaltiger Bodennutzung"* S. 160-173. DBU. Osnabrück.

SCHMITT, T.G. (2001): *„Regenwasserbewirtschaftung als Beitrag der Siedlungswasserwirtschaft zur ökologischen Stadtentwicklung"* In: KOCH, M. (2001): *„Ökologische Stadtentwicklung"* Verlag W. Kohlhammer. Stuttgart/ Berlin/ Köln.

SCHUMACHER, H. (1998): *„Stadtgewässer"* In: SUKOPP, H./ WITTIG, R. (1998): *„Stadtökologie"* Verlag Gustav Fischer. Stuttgart/ Jena/ Lübeck/ Ulm.

SIEKER, F. (2004): *„Regen(ab)wasserbehandlung und –bewirtschaftung unter Berücksichtigung der Anforderungen nach § 7a WHG und einer möglichst ortsnahen Versickerung"* In: Texte 09/04. Hrsg.: Umweltbundesamt. Berlin.

WASSERGESETZ DES LANDES SCHLESWIG-HOLSTEIN [LWG] (2004) In: GVOBl. Schleswig-Holstein 2004 S. 8

WESSOLEK, G./ RENGER, M. (1998): *„Bodenwasser- und Grundwasserhaushalt"*
In: SUKOPP, H./ WITTIG, R. (1998): *„Stadtökologie"* Verlag Gustav Fischer. Stuttgart/ Jena/ Lübeck/ Ulm.

7.1 Internetquellen

http://www.info-regenwasser.de/ [zugegriffen am 03.01.2006]
http://www.fcn.de/index.php?fcnstadion [zugegriffen am 03.01.2006]

8 Abbildungsverzeichnis

9 Tabellenverzeichnis

10 Kartenanlage

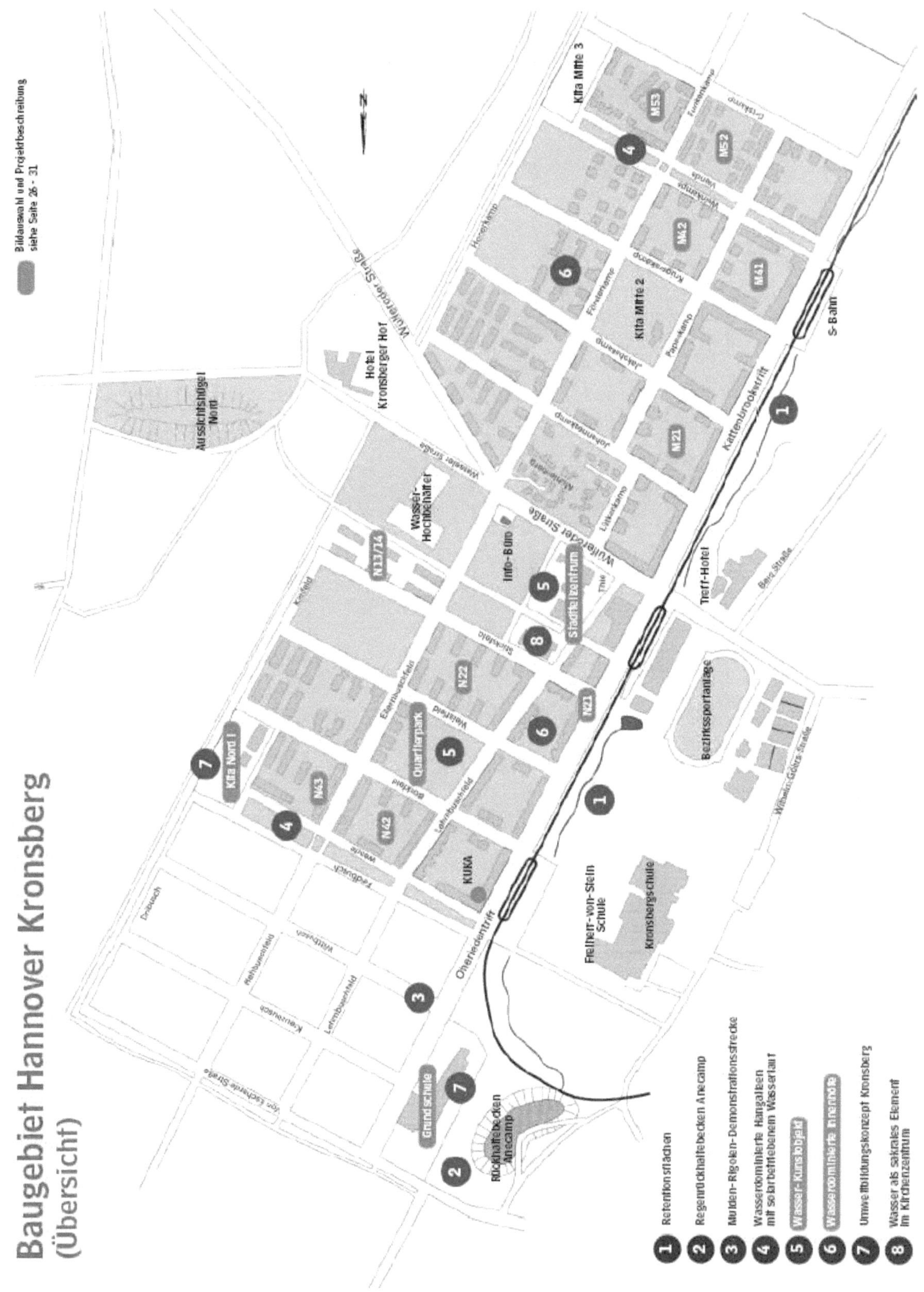